海洋大发现
LET'S LEARN THE AMAZING OCEANS!
奇妙的
海洋课
金翔龙 陆儒德 主编
海底
神秘园
中国出版集团
中译出版社

顾　问

主　编

编委会

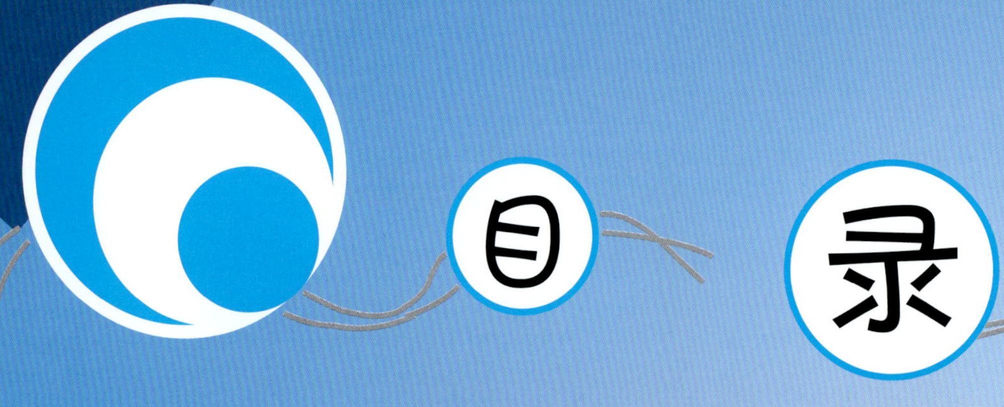

目录

第一章 海底世界

第二章 如何探索海底

CONTENTS

第一章　海底世界

海洋覆盖了地球表面的大部分区域，海底世界的模样是否跟陆地上一样呢？可是海水阻绝了人类的脚步，将海洋的秘密都隐藏起来。我们只知道海底漆黑寒冷，压力巨大，危机四伏。如果把海水抽干，我们将会看到怎样的景象呢？

海底概况

人类自从开始探测海洋深度以来，就逐渐认识到，海水所覆盖的地球表面并不只有平坦的盆地。海底地貌实际上和陆地一样，有高耸的山脉、陡峭的悬崖、辽阔的平原、可怕的火山……

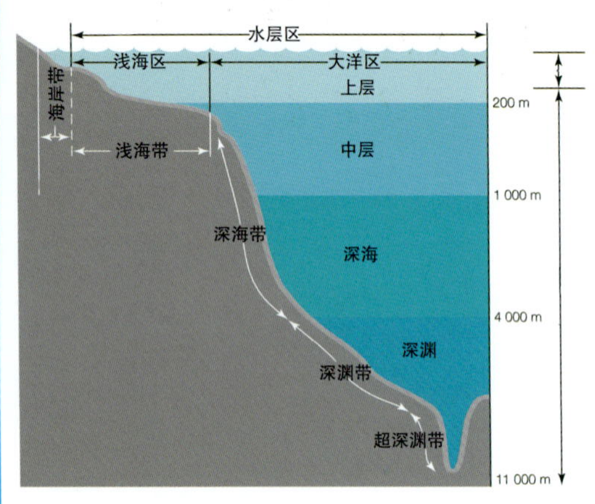

海底分区

海洋是一个连续的整体，但如果你以为它们的环境都一样，那就大错特错了。按照深度划分，海底可以分为浅海带、深海带、深渊带和超深渊带，水层则可以分为上层、中层、深海和深渊。不同种类的海洋生物，分别生活在不同的区域，没有一种生物能生活在海洋的一切环境中。

海底的地理结构

如果沿着陆地慢慢走向深海，一路上我们会遇到一系列不同的地形，人们把它们称为大陆边缘、大洋盆地和大洋中脊。其中，大陆边缘包括大陆架、大陆坡、大陆隆，有些地方甚至会有深深的海沟。而在大洋盆地中，我们能看到高矮不同的深海丘陵、海底高原、海山、无震海岭等。

透光带与无光带

阳光并不能照射到太深的地方，随着深度增加，海洋里越来越暗。到了 200 米左右，海洋里基本就是漆黑一片了。科学家们把深度不到 200 米的水域叫作透光带。在这片有阳光的区域，生活着众多植物，它们构成了海洋食物链的起点。而比 200 米更深的广大区域，则叫无光带，那里终年漆黑寒冷，食物匮乏，生物基本只能靠上层水域落下来的残渣生活。

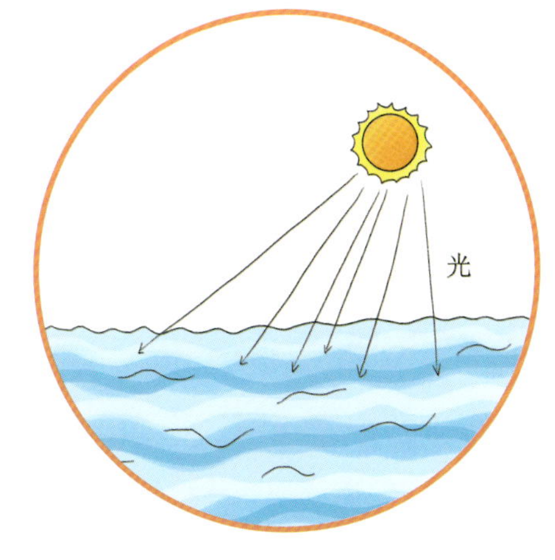

海洋雪

你知道吗？海洋里也会“下雪”。这些“雪花”其实是一些碎屑，有些是透光带的生物在日常生活中排泄出来的废物，有些是死去的动植物尸体，还有些则是泥沙和尘土等。它们像雪花一样不断落下，所以叫海洋雪。就是这毫不起眼的海洋雪，供养了海底的大部分生物。

不平静的海底

在深厚的海水遮挡之下，我们完全无法发现海底所发生的变化。但其实海底跟陆地一样，时刻在发生着剧烈的运动。炽热的火山喷发，滚滚浓烟遇到冰冷的海水后又迅速冷却。此外，剧烈的海底地震、滑坡、海底风暴等也时常发生。海底的生物们生活得并不容易，要尽力躲避这些灾害。

大陆架

大陆架是大陆周围被海水淹没的浅水地带。它的坡度特别缓，如果把海洋比作一个大浴缸，那么大陆架就相当于这个大浴缸的边缘。这里是海洋里最热闹的地带，栖息着大量生物。同时，大陆架蕴藏着极为丰富的矿藏资源，如煤、石油等，所以世界各国都在努力争夺尽可能多的大陆架面积。

大陆坡

平缓的大陆架在某一个地方会突然变陡峭，从这个地方往后就是大陆坡了。大陆坡是大陆架到大洋盆地之间的过渡地带。从这里走向水浅的方向，就属于大陆的部分；而从这里往水深的地方一直走，就属于大洋的部分。但你如果以为大陆坡就是一个陡峭的斜坡那就错了，它上边也有平缓的深海平坦面，还有深深的海底峡谷等。

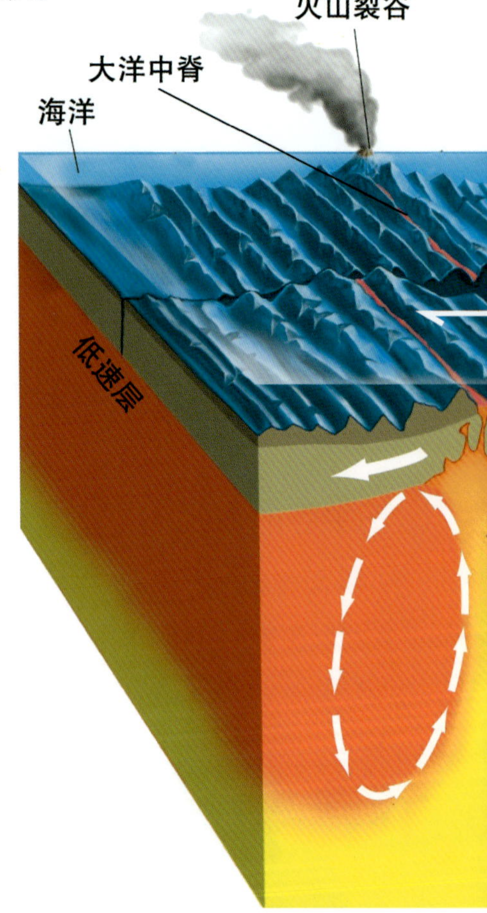

拓展

帝王蟹入侵南极大陆架

帝王蟹主要分布在寒冷的深海海域，它们体型庞大，素有“蟹中之王”的美誉。2011年9月，科学家在南极海域发现超过100万只巨型帝王蟹，它们正准备迁徙到南极洲大陆架。如果让这些大型食肉动物成功到达更浅的海域，那么整个南极海域的生物都将面临严重的威胁。

海底平顶山

当人类第一次发现海底平顶山时，几乎以为遇到了神迹。我们印象中的山峰一般都是尖尖的，海底平顶山则相反，它的山头好像被什么力量削去一样。而且，这样的海山不是只有一座，而是有很多座。对于它的成因，科学家们现在也还没有定论，但有不少科学家认为，这些山峰可能以前露在海面，被海浪等不断冲刷而形成。

大洋中脊

如果问世界上最长、最宽的山脉是哪里，那非大洋中脊莫属了。它贯穿了地球上的四个大洋，全长约 6.5 万平方千米，相当于 1.6 倍的赤道那么长。大洋中脊最大的特点就是火山、地震频繁。它一般比大洋盆地高 1~3 千米，有的地方甚至会露出海面。冰岛就是大洋中脊露出海面形成的岛屿，所以岛上火山多达 100 多座。

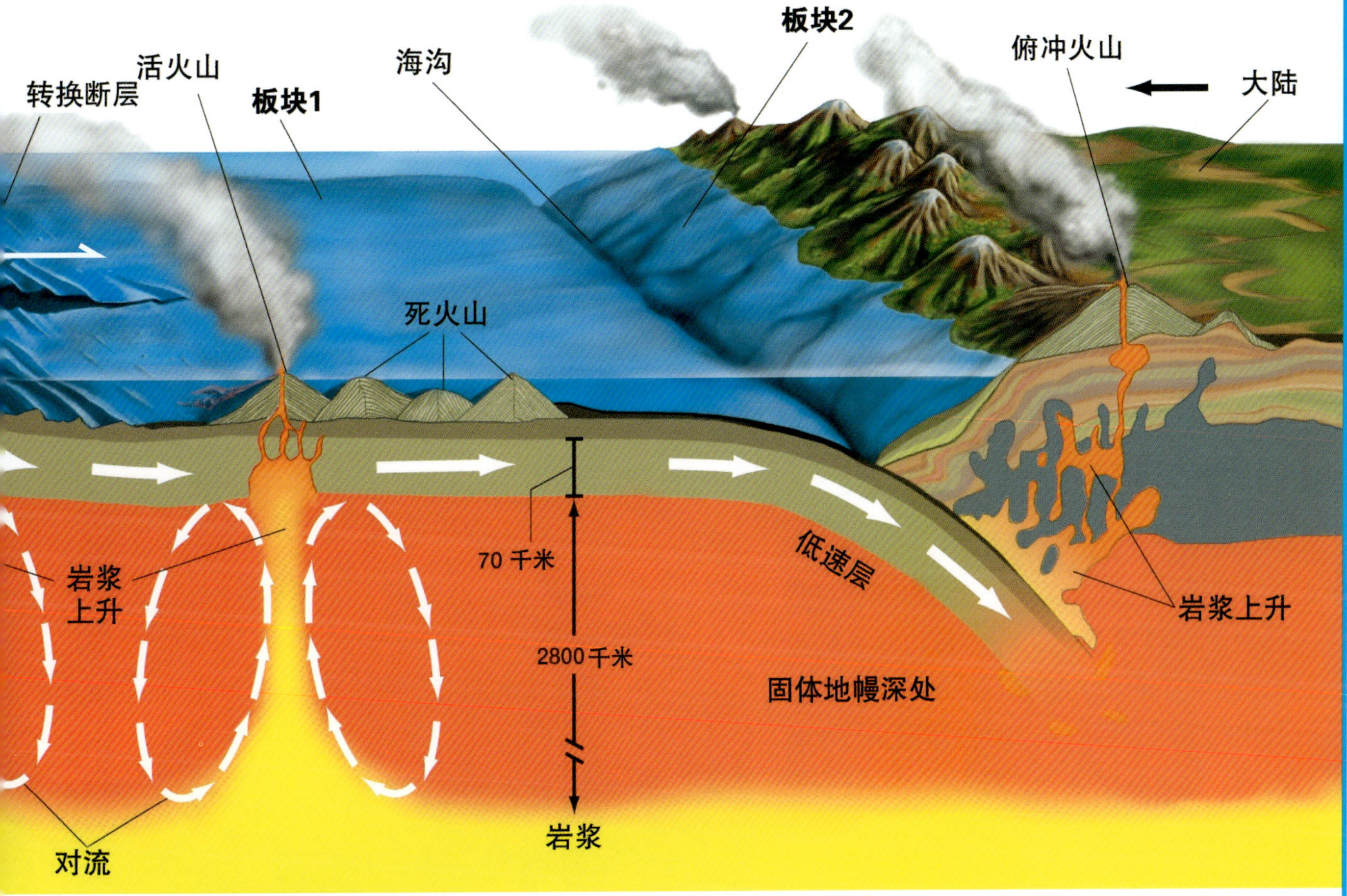

板块2
活火山
海沟
俯冲火山
大陆
转换断层
板块1
死火山
70 千米
低速层
岩浆
上升
2800 千米
岩浆上升
固体地幔深处
岩浆
对流

会移动的海底

大洋中脊会不断地喷出岩浆，遇上冰冷的海水后就冷却凝结成新的洋底。这些新形成的洋底会不断地推动年龄较老的洋底向两侧运动。有的大洋“年富力强”，推力比较大，于是两侧的陆地就被越推越远，大洋就变得越来越大。而有些大洋“年老体衰”，其他大洋推过来的陆地就会慢慢挤占它的空间，大洋就变得越来越小。

海沟

海洋的深度不一，平均深度约3800米。但是，有些地方会形成深不见底的沟谷，这就是海沟，它们是地球上最深的地方，通常两侧比较陡峭。

海沟的形成

我们的地球并不是完整一块的，而是由许多板块构成的，这些板块像小船一样漂浮在炽热黏稠的软流圈上。板块在漂移过程中，如果碰撞在一起，较重的板块就会插入到较轻的板块下方。在海洋里，两个板块碰撞的交界处，就会形成深深的海沟。

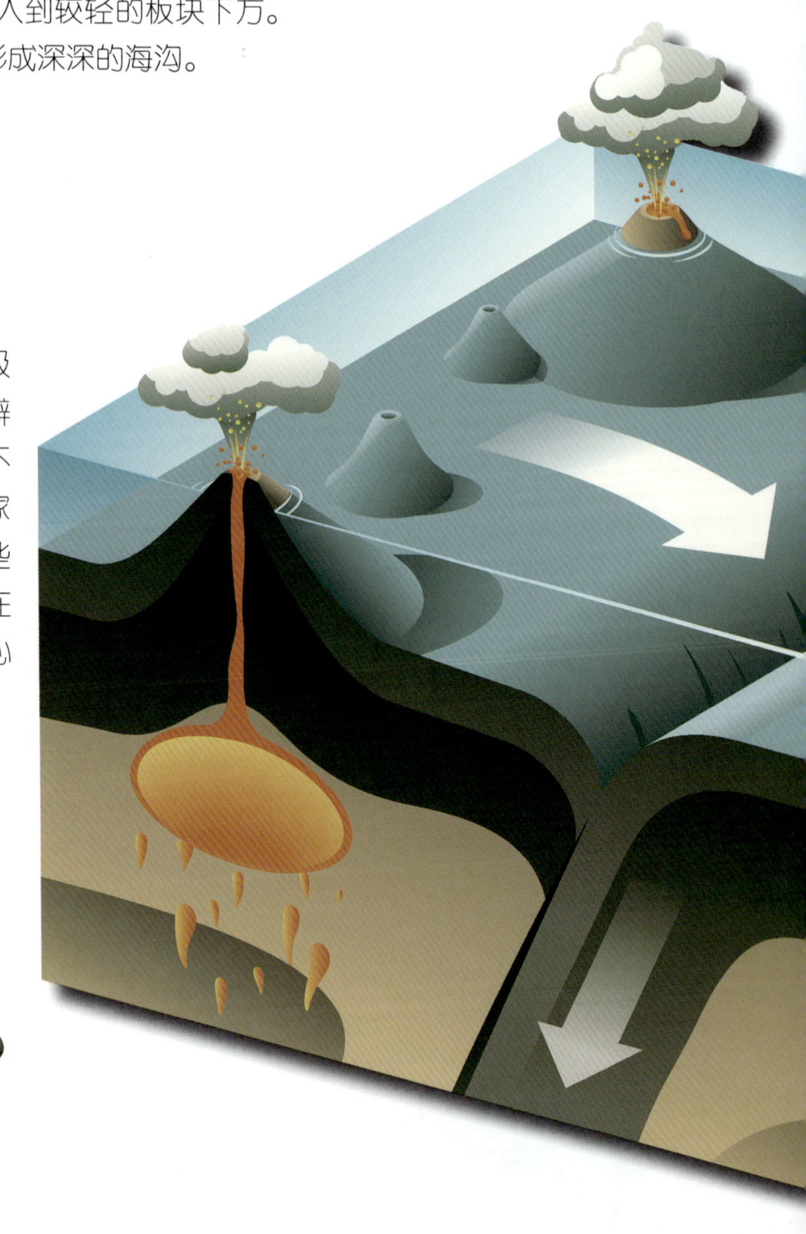

并不死寂的海沟

海沟比一般的深海还要深，压力之强，连坦克都会被压扁，生命能否存在于这种极端环境呢？科学家们此前一直为此不断辩论，直到他们在海沟处发现细菌，才不得不叹服生命的顽强与伟大。近些年来，科学家们发现，除了细菌之外，海沟里还存在一些其他生物。它们大多具有胶体状的身体，在这个深度下，水流极其缓慢，它们不必担心被强烈的水流或波浪弄伤。

海沟与火山、地震的关系

海沟主要分布在太平洋两侧边缘。如果查看地图，你会发现一个有趣的现象：海沟附近有许许多多代表火山和地震的标志。为什么会如此呢？因为海沟是两个板块碰撞形成的，而碰撞是形成火山与发生地震的主要原因之一。

马里亚纳海沟

地球上约有30条海沟，其中最深的是马里亚纳海沟，位于美国关岛附近。它的深度约有11千米，比世界最高峰——珠穆朗玛峰还要高出2千米以上。1951年，“挑战者2号”成功测量出马里亚纳海沟的深度，所以马里亚纳海沟也被称为“挑战者深渊”。

拓展

中国潜水器探索马里亚纳海沟

探索深海一直是中国的目标。2012年6月，中国自主研发的“蛟龙号”载人潜水器前往探索马里亚纳海沟，在海底7062米的地方成功着陆，完成科考任务，并带回了海底样品。2016年，我国的“海斗号”无人潜水器更是下潜到了马里亚纳海沟的10767米处。

奇特的海底生物

深海特殊的环境造就了许许多多奇形怪状的深海生物。它们有些样子古怪，有些竟然惊人的美丽。不仅如此，它们的本领也非常特殊，常令看到它们的人发出由衷的惊讶和赞叹。

八放珊瑚

八放珊瑚是科学家们在澳大利亚大堡礁海域发现的珊瑚新物种。这种珊瑚身体柔软透明，瑰丽漂亮。因建造它们的珊瑚虫外围都长有 8 条触手而得名。

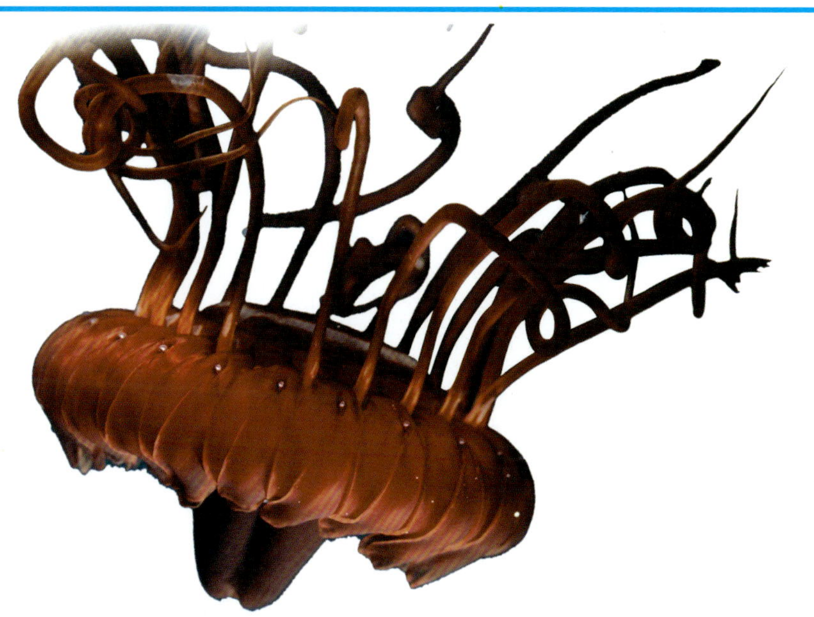

形似飞碟的深海水母

科学家在日本海域发现了一种深海水母，它的身体活脱脱像一个飞碟。最奇特的是，当受到肉食动物攻击时，它会发出荧光和尖叫声，以此来呼救。因此，人们给它取了个形象的名字——警报水母。

深海海参

并不是所有的海参都很丑陋。2010 年，科学家们在印度尼西亚海域进行科学考察时，发现了 50 多个新物种。其中，有一些新发现的深海海参极其漂亮：有的如椰肉般白皙，有的如火焰般鲜红，有的则如水晶般透明。

竖琴海绵

从外形来看，竖琴海绵就像一架优雅的白色竖琴。这种美丽的生物栖息在美国加利福尼亚海岸 3300~3500 米的海底，它们利用分肢上的倒钩刺诱捕小型甲壳动物，再用纤薄的体膜包裹并将猎物消化，是不折不扣的肉食动物。

耳状章鱼

“这只章鱼简直就像只‘小飞象’，扑闪着软软的‘大耳朵’，抖动着赭色荷叶边‘长裙’，憨憨的样子招人喜欢。”这是中国“蛟龙号”潜航员在深海看见耳状章鱼时的描述。实际上，耳状章鱼属乌贼类，两个“耳朵”是它的翼，在游泳时起着定向的作用。

拓展

天然的红色龙虾

我们常见的龙虾颜色多种多样，但是烧熟后才会变成红色。然而近年来，科学家们在深海中发现了一种天然的红色龙虾。至于它的体色为什么会是红的，还有待科学家们继续探究。

蛇尾海星

蛇尾海星又叫蛇发怪海星，它们圆盘状的身体周围生有5条蛇尾状的触角，因而得名。科学家在大西洋800米深的海底发现了特殊的蛇尾海星：它们的5条触腕均分枝成许多细小的腕足，看起来就像许多条蛇盘绕在一起。

黑叉齿鱼

黑叉齿鱼广泛分布于全世界热带及温带海域，它们生活在750~1500米深的海域，身体呈黑褐色或黑色，长有巨型的嘴和又长又尖的牙齿。黑叉齿鱼体长不超过25厘米，却能吞下比自己大得多的猎物。

深海雪人蟹

在南太平洋 2000 多米深的海底，科学家们发现了一种雪人蟹，它的眼睛已经退化，全身长满绒毛，绒毛上寄生有大量的细菌，而这些细菌恰好是它的营养来源。

深海斧头鱼

深海斧头鱼体长仅有 10 厘米左右，相貌异常丑陋，甚至堪称恐怖。这种鱼栖息在 650~3000 米深的所有热带和温带海域。它们的体侧有成行的发光器官，能够匹配身体周围的光线，从而达到“水中隐身”的效果。

鼠尾鱼

状如其名，鼠尾鱼有着像老鼠一样细长的尾巴，它们通体白色，外形怪异。中国“蛟龙号”探测器在 5000 米深海发现特殊的鼠尾鱼品种：脸部黑色，犹如戴着一张面具。这种在深海新发现的鼠尾鱼还有待科学家们的进一步研究。

海底生态奇观

海底环境千差万别，它们与生活于其中的生物构成了独特的生态系统。海底沙漠、海底森林、海底草原……它们各自不同的特点，让海底充满了奇妙。

洞穴潜水

台湾海底沙漠

在陆地上一些干旱的地方，我们能看到沙漠奇观。但海洋里的沙漠你能想象吗？中国的台湾海峡，就有这么一片大沙漠。这片沙漠基本都是由圆润、细腻的沙子组成的，除此之外还有一些贝壳。海底沙漠的环境比陆地上的沙漠还严酷，几乎没有任何生物居住。

蓝洞

蓝洞是海底突然下沉而形成的巨大“深洞”。从海面上看，蓝洞呈现出与周边水域不同的深蓝色，并在海底形成巨大的深洞。蓝洞不仅神秘，而且还具有科学研究价值，科学家们在蓝洞底部发现过许多远古化石残骸。世界著名的蓝洞有三沙永乐龙洞、洪都拉斯伯利兹大蓝洞和塞班岛蓝洞等。

海底“森林”

海洋里除了沙漠和草原以外，还有大片的“森林”。不过，构成“森林”的不是树木，而是众多海洋藻类。与树木不同，构成海底“森林”的藻类都是“软骨头”，会随着水流左右摇摆。鱼、虾、蟹、贝、海兽等海洋生物是海底“森林”里的“常住居民”，它们在这里觅食，躲避天敌，以及繁衍后代。

海底草原

陆地上的草原宽广辽阔，总能吸引很多游客。其实海底也有草原，那就是生长于海底的海草形成的海草场。跟陆生植物一样，海草没有阳光就不能生存，所以它们一般生存在浅海。哪里有海底草原，哪里就像春天一样，生机勃勃。

拓展

疯狂生长的巨藻

陆地上，上百米的树可谓凤毛麟角，可是，海洋里就不一样了。一些巨藻能够轻松长到200米高，甚至300米高，相当于百层大楼那么高。所以人们称之为“海藻王”。更不可思议的是，在春夏之际，只要水温适宜，巨藻每天能长60厘米左右，可谓生长最快的植物了。

奇特的海底现象

海底会发生火山和地震，这还比较容易想象。可海底居然存在河流、瀑布、温泉、风暴等，简直与陆地上一样，这就太不可思议了。让我们冲破海水的阻隔，一起来瞧瞧这些奇特的现象吧！

海底火山爆发

神秘的海底温泉

海底温泉全部坐落在人类足迹难以到达的大洋底部。虽然它们与人们的生活远隔“千山万水”，却无时无刻不在影响着整个地球的环境。每年，海底温泉要向海洋中注入相当于世界河流水量1/3的热水。总有一天，我们人类可以近距离去欣赏一下它的神奇景观。

海底风暴

科学家在采集深海海水时，发现本该清澈的海水，竟然混浊得漆黑一团，仿佛海底刚被搅拌过一样。而海底表面也出现了一道道波纹，仿佛被大风吹过。于是他们猜测，海底可能会发生海底风暴。经过研究，科学家证实了海底风暴的存在，并发现这是海水运动和大气运动共同作用的结果。

拓展

海洋淡水井

据说哥伦布有一次航海时，船上淡水几乎用尽，船员为了淡水打斗起来，一名船员落水后发现海中竟然有淡水。这就是神奇的海洋淡水井。当陆地上的淡水渗入地底后，如果在海底刚好有一个裂缝，淡水就能从裂缝里冒出来。因为淡水更轻，就会浮上海面，出现海洋淡水井。

海底火山

海底火山无疑是海洋中的一大奇观。热气腾腾、火红耀眼的火山喷出物与冰冷幽蓝的海水相照应，带来如云的热浪和蒸汽缭绕的美景。简直是现实版的“冰与火之歌”！

海底河流

海底也有河流，不过它们的河水是高盐度的海水。它们有自己的河道、急流、冲积平原甚至瀑布，它们是海底电缆的克星，同时也能给人们带来惊喜。科学家在黑海海底就发现了一条巨型海底河流，如果从河流水量来比较，它可以媲美黄河。它不是唯一的海底河流，地球上还存在大量海底河流在海洋底部纵横流淌。

张謇
ZHANGJIAN

第二章　如何探索海底

要了解海底究竟是什么模样，最好的办法就是深入海底，近距离观察。不过人力有限，海洋绝大部分区域是人类无法潜入的，于是，科学家们制造出了许多高科技装备，方便人类迈向深海。让我们一起来看看人类探索海底的各种手段吧！

潜水探索

近些年来，潜水成为深受游客欢迎的海滨旅游方式。当你穿着潜水服徐徐潜入清凉明澈的海水中时，穿梭在美丽的珊瑚丛里，鱼儿和海龟在身旁亲昵地嬉戏，海底世界的奇妙浪漫便显露无遗。

海底潜水

潜水的起源和发展

海底的神秘深深吸引着人类。早在2800年前，就有人向羊皮袋里充气，制成“氧气瓶”，潜入水下。中国史书上还记载了1700年前渔夫在海里潜水捕鱼的场景。古人潜水的目的是在水下进行查勘、打捞、修理等，不过现在，它逐渐发展成一项热门的运动项目。

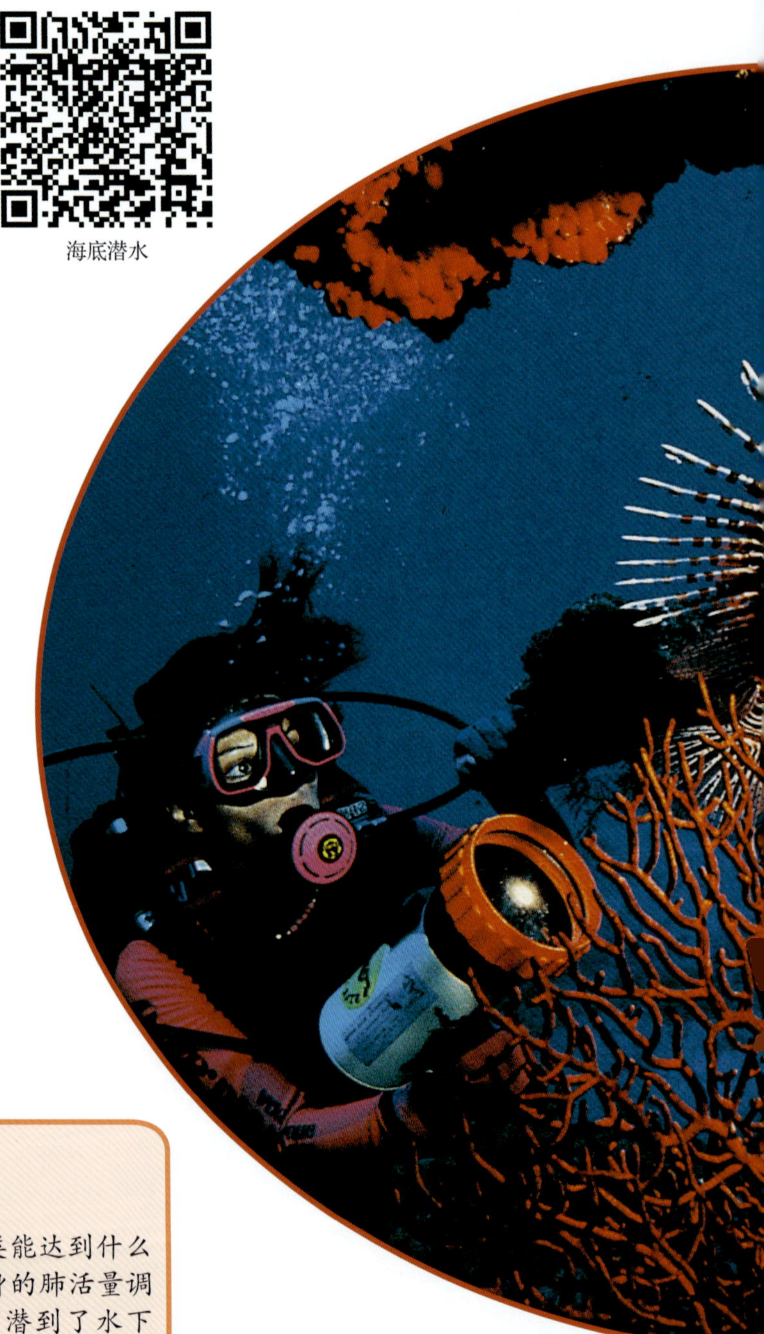

拓展

自由潜水挑战130米深度

如果在不携带空气瓶的情况下潜水，人类能达到什么深度呢？来自俄罗斯的阿列克谢，只通过自身的肺活量调节呼吸，在没有任何器械的协助下，居然下潜到了水下130米。可别小看这个数字，这个深度下的压力之强，连钢球都会被压扁，相当于被一头大象踩在身上。

潜水带来的好处

潜入水下，在水中世界漂浮，我们能欣赏到海中颜色各异的鱼儿和多姿多彩的海底生物，体会水中奇特世界带来的巨大享受。更难得的是，潜水运动还是一项有利于身体健康的运动，它可以提高、改善人体的心肺功能。甚至有报道称，潜水运动还能有效抑制癌细胞扩散，这简直是癌症患者的福音。

潜水胜地

蔚蓝的海面下，潜藏着一个我们未知的世界。其中有些地方不仅景色绝佳，而且水温适宜，没有可怕的鲨鱼、暗流等，因而成为潜水胜地。帕劳的无毒水母湖、塞班岛和洪都拉斯的蓝洞、大堡礁五光十色的珊瑚等，成为吸引游客的著名景点。此外，马尔代夫、斐济、巴厘岛、夏威夷群岛、斯米兰群岛等，水下的风光也无比迷人。

潜水运动的类型

从性质上来划分，潜水运动可以分为专业潜水和休闲潜水两种。专业潜水自然需要专业的潜水人员来进行，他们潜到水下的原因是进行水下救捞、水下探险、完成水下工程等。休闲潜水则不同，目的是休闲娱乐和水下观光，我们平常所说的潜水主要就是指的休闲潜水。

水下采样

大洋科考中，科学家们往往会带回来很多宝贝。不过不同的是，这些宝贝不是金银，而是海底的泥沙、岩石、生物等。科学家们通过研究这些海底样品，就能准确地知道海底的矿产资源分布情况和海底生物的特性了。

水下采样工具

海底采样并不容易，有时候采样过程中不能让样品受到污染，甚至还要使采样器里的环境尽量与原来的环境一致等。尽管困难重重，聪明的科学家们却研制出了种类丰富、功效不同的采样设备。例如抓斗、柱状取样器等可以用于采集泥沙；拖网则可以用来采集海底的岩石、生物；此外，箱式取样器、渔网、钻井等也能派上用场。

泥沙采样

海底的泥沙来源于哪儿呢？它们的颜色是怎样的呢？它们又富含什么元素呢？虽然只是普通的泥沙，其中蕴含的信息却不少。科学家们便是一位位“侦探”，透过这些泥沙，他们能分析出许许多多有用的东西。

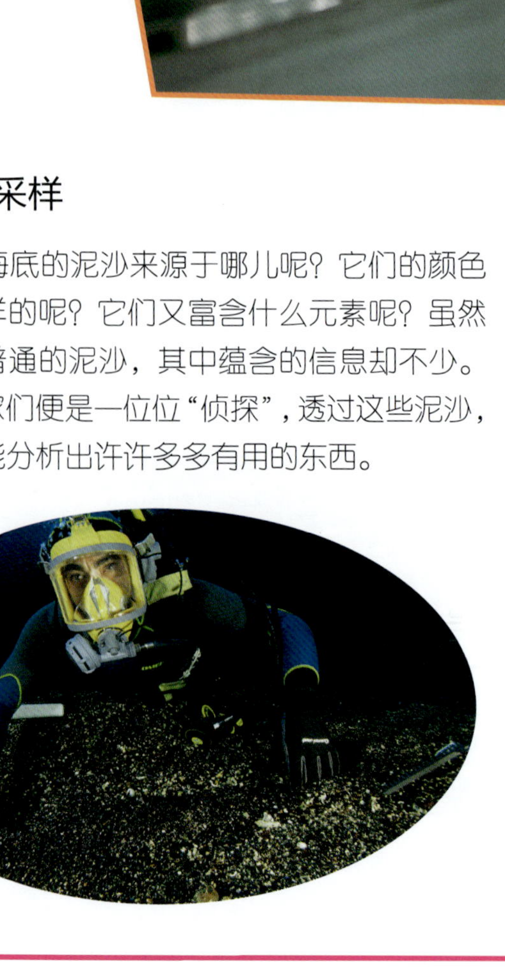

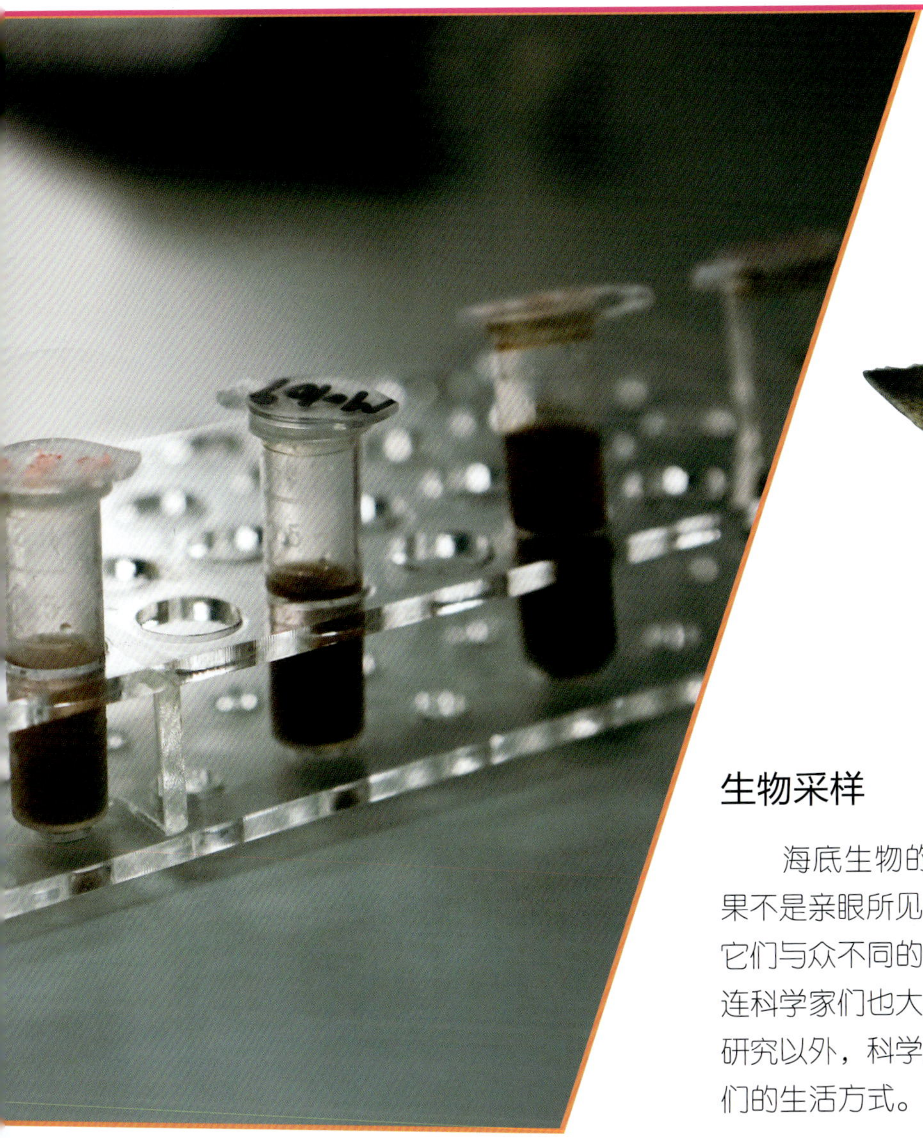

生物采样

海底生物的世界对我们来说十足是个谜。如果不是亲眼所见，很多人都难以想象它们的模样。它们与众不同的外貌以及独特的生存方式，有时候连科学家们也大为困惑。所以除了把它们采集上来研究以外，科学家们还会利用水中摄像，来观察它们的生活方式。

拓展

你知道海底玻璃吗

在深海海底，人们发现了许多体积巨大的玻璃块，其成分和普通玻璃几乎没有差别，人们称这种玻璃为海底玻璃。在很难找到花岗岩的大西洋深海海底，居然也发现了许多体积巨大的玻璃块。海底玻璃是如何形成的，至今仍是一个未解之谜。

岩石采样

岩石是地质运动的忠实记录者，通过它们身上被“风吹雨打”的痕迹，科学家就能找寻到海底逝去的记忆，甚至还原当时的环境。除此之外，科学家还能根据岩石的矿物成分，顺藤摸瓜地找到海底的矿产资源。

深海考察船

在科学家们探索海底的过程中，考察船是必不可少的。一艘考察船就是一个微型实验室，可以让科学家及时分析从海底采回的样品；同时，它还是一个可移动的基地，能保证科学家在考察中的生活所需。

“挑战者号”

“挑战者号”是由英国皇家海军军舰改装而成的木质调查船，长 68 米，排水量 2306 吨，依靠风帆和蒸汽机航行。1872~1876 年，英国皇家学会组织了“挑战者号”在大西洋、太平洋和印度洋历时 3 年 5 个月的环球海洋考察。这是世界上首次环球海洋考察，它标志着近代海洋科学的开端。

“海洋六号”

“海洋六号”是一艘以探查海底可燃冰资源为主的综合调查船。它总长 106 米，宽 17.4 米，最大排水量 5287 吨，试航速度 17 节，续航力 15000 海里，能在国际海域无限航区开展调查。它也是目前世界上第一艘综合地质地球物理调查船。

“地球号”

日本的“地球号”是目前世界上最大最先进的深海钻探船，被称为“人类历史上第一艘”多功能科学钻探船，创造了钻探 7740 米的世界最深海底钻探纪录。科学家可以利用它来探究地球形成和大地震发生的机理，甚至还能研究地下生物圈，从而探索生命的起源。

“海洋六号”的特殊之处

“海洋六号”充分体现了“中国智造”。为了更精确地探查可燃冰资源，船上配置了多种深海调查设备，还有4000米级深海水下机器人“海狮号”，装备条件在我国海洋地质调查队伍中首屈一指。而且它还可以实现360度回转，无级变频变速，操纵起来非常灵活。

“大洋一号”

“大洋一号”是中国第一艘现代化的综合性远洋科学考察船，也是我国远洋科学调查的主力船舶。走进“大洋一号”，犹如进入了一座科技城：磁力实验室、地震实验室、综合电子实验室、生物基因实验室、深拖和超短基线实验室……船上共有10多个实验室，科学家们在船上就能获得许多科研数据。

“科学号”

“科学号”是中国自主研发的新一代海洋科学综合考察船。它长99.8米，宽17.8米，总吨位为4711吨，续航能力为15000海里。“短款型”的船体结构，封闭式甲板、360度可环视驾驶台，都为海上作业提供了良好的平台。中国的科学家依靠它成功建成了我国第一个深海实时科学观测网。

拓展

“彩虹鱼”项目

“彩虹鱼”项目是中国第一个万米级载人深渊器项目。中国的探索者们计划建设世界第一个11000米全海深的“深渊科学技术流动实验室”，它包括5000吨级的科考母船、万米级全海深载人潜水器、万米级全海深无人潜水器和全海深着陆器，以此前往探索地球上所有海域的海底。

“张謇号”深渊科学考察船

“张謇号”是中国第一艘专业的深渊科学考察船，长97米，宽17.8米，排水量约4800吨，续航力15000海里。除了为“彩虹鱼”在马里亚纳海沟进行11000米载人深潜提供科考服务外，它还能用于一般性深海海洋科学调查、海底探险、海底考古、深海电影拍摄等多种功能。

“科学号”的特点

作为新一代海洋综合考察船的标杆，“科学号”装上了“十八般武器”，附加了最新的技术与装备，在海洋考察中如鱼得水。

（1）一次给养充足能在海上待60天

“科学号”的许多指标国际领先：一次给养充足，能在海上待60天，比国外同类考察船多出20天，增加了海洋考察的周期；续航力15000万海里，比一般的考察船则多出1/3续航里程。

（2）能抗12级以上大风

按照设计，“科学号”能抵御12级以上大风。船上还安装有先进的可控被动式减摇水舱系统，能在风浪大时控制船体的摇晃程度，增加乘坐的舒适性。

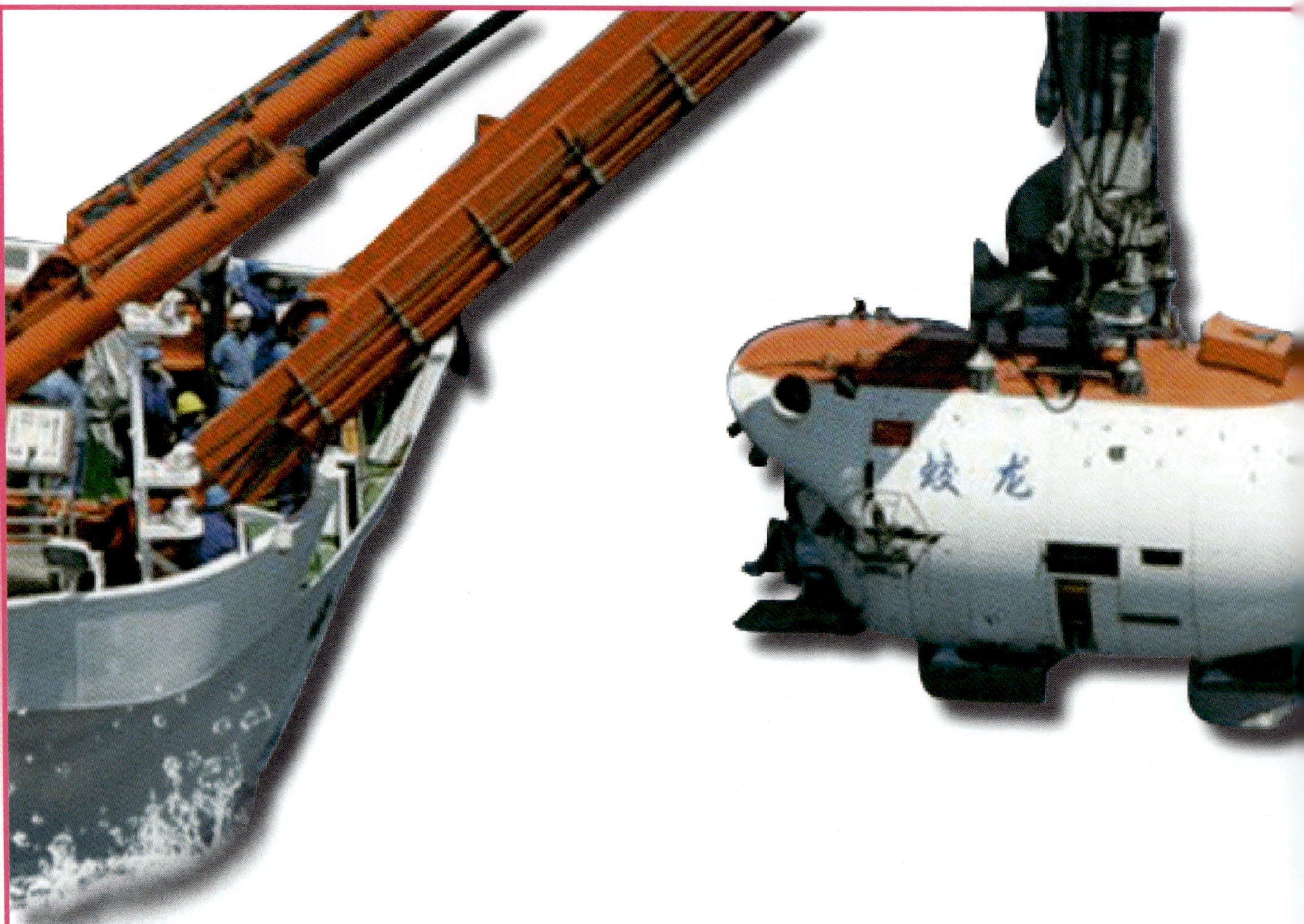

深潜器

要想潜入更深的深海，近距离勘察海底情况，那就非得载人深潜器出马不可了。坐在深潜器中，潜入到无光的荒凉地带，恍惚以为自己正在向地狱迈进，这种体验可谓与众不同。

载人潜水器

载人潜水器是人类进入海底的利器，通常能携带两三个人下潜。它首先必须具有一个坚固的外壳，才能抵抗得住海底巨大的压力。然后还需要有照明和拍摄设备，才能满足人们观察海底的愿望。除此之外，它还有推进器，可以带着人类在海底四处探索。

“蛟龙号”

在深海探索领域，中国起步较晚。不过，凭借着努力与智慧，终于迎头赶上，“蛟龙号”就是代表。它是中国自主研发设计的，最大下潜深度为7062米，是世界上目前下潜深度最深的作业型载人潜水器。而且，它身上的许多绝技都让其他载人潜水器望尘莫及。

拓展

卡梅隆和他的潜水器

你知道独自一人下潜到深海海底，并待上6个小时是什么感觉吗？这可比关小黑屋还可怕，因为谁也不知道海底会发生什么危险。2013年3月26日，好莱坞著名导演卡梅隆就驾驶着他的“深海挑战者号”，成功下潜到地球最深的马里亚纳海沟，他也因此成为单独下潜极限深度的世界第一人。根据这份经历，他还拍摄了立体纪录电影《深海挑战》。

“鹦鹉螺号”

法国1985年研制成的“鹦鹉螺号”潜水器最大下潜深度可达6000米，累计下潜了1500多次，完成过多金属结合区域、深海海底生态等的调查，以及沉船、有害废料等的搜索任务。

“阿尔文号”

美国的“阿尔文号”是深潜器中的老古董，已经50多岁了。它建成于1964年，至今还在载人深潜。它里边能乘坐3个人，可以下潜到海面以下4500米，相当于一栋1500层的楼那么高。在1985年，它曾找到“泰坦尼克号”沉船的残骸。

水下机器人

海底毕竟是充满危机的。为了安全，在探索危险的水下环境时，水下机器人便能大显身手了。利用身体上的摄像机等观测设备，水下机器人能拍摄海底的图像、视频。除此之外，它身上的机械手等装备还能用于采集海底的一些重要物品。

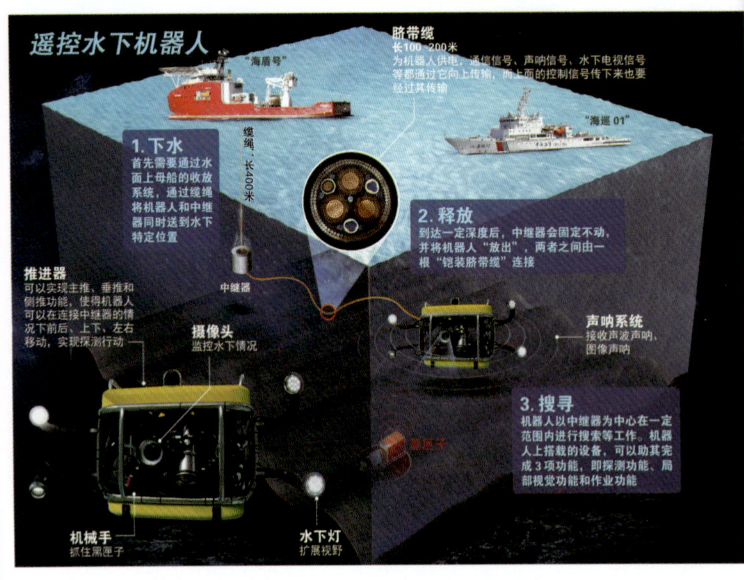

海洋百科

中国首个深海科研基地

中国科学院深海科学与工程研究院是中国第一个深海科研基地，从 2016 年 5 月正式建成运行。它以探索 6000 米以深的海洋和海底为研究重点，积极研发 4500 米级载人深潜器和万米载人、无人潜水器。在今后的日子里，它将为中国获取更多深海的基础科学信息。

“深海 6500”

“深海 6500”是日本在 1989 年建造的一艘载人深潜器。它长 9.5 米，重 25 吨，可乘坐 3 人，作业水深为 6500 米，能在水下连续作业 8 个小时。“深海 6500”载人潜水器已经下潜了 1000 多次，对 6500 米深的海洋斜坡和断层进行了调查，并被用于对地震、海啸等的研究。

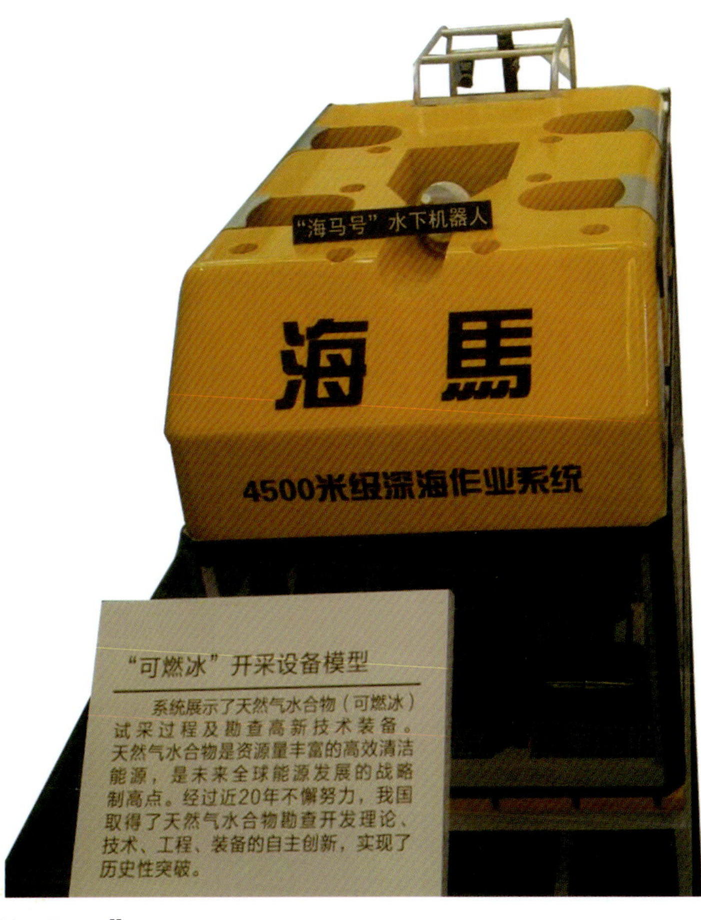

“海马号”

“海马号”是中国水下机器人的一个里程碑。在它的身上，关键技术都是中国自主研发的，终于摆脱了长期依赖进口的局面，节省了大量成本。它的最大下潜深度达到了 4502 米，为我国深海资源的探查与开发、深海科学研究提供了高技术探查手段。

俄罗斯的载人潜水器

俄罗斯是目前世界上拥有载人潜水器最多的国家，“和平一号”和“和平二号”是两艘著名的 6000 米级潜水器。它们最大的特点就是能源比较充足，可以在水下工作 17~20 个小时，电影《泰坦尼克号》中的很多镜头就是“和平一号”和“和平二号”探测的镜头。

水下实验室

如果能长期在水下居住，便能更加方便地探索海底世界了。人类已经把这个设想变成了现实，这就是水下实验室，不受天气状况和风浪影响的现代海洋科学研究利器。

“宝瓶宫”

人们早在100年前就提出了水下实验室的设想，迄今为止，人们不断尝试，建造了许许多多水下实验室，不过如今只有“宝瓶宫”水下实验室仍在运作。它位于美国一处水深20米处的海底，外观像潜水艇一样。不过它空间不大，只能容纳6个人，所需食物和工具都要靠潜水员定期送到实验室。

组成材料及结构

水下实验室需要耐压耐腐蚀，所以大多采用钢质材料，而且会设计成圆筒、圆球或椭圆球形状。实验室外部一般还会配备高压气瓶、压载水舱和固体压载等，来保证实验室能上浮或下潜。而在内部，会像住房一样，设置厨房、厕所、浴室等地方。

拓展

世界上第一座水下实验室

世界上第一座水下实验室是美国的“海中人Ⅰ号”。一位富翁向往居住在海底的生活，所以在1962年建造了这个水下实验室。一名潜水员在这个水下实验室里创造了在海底生活24小时的纪录。

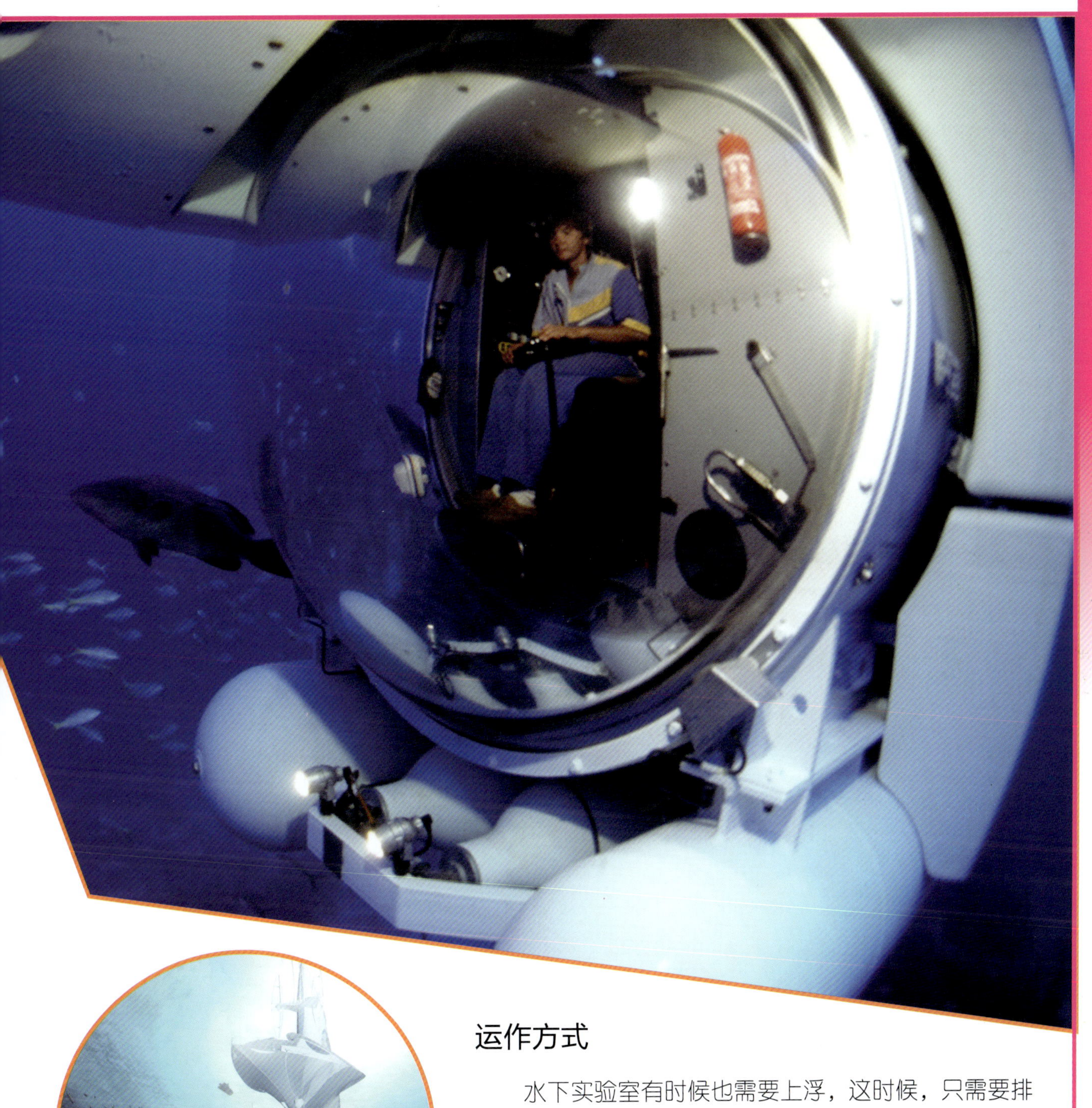

运作方式

水下实验室有时候也需要上浮，这时候，只需要排出压载水舱里的水，增大实验室的浮力就行；而如果要下潜，往压载水舱中加水即可。生活在实验室里的人完全可以不穿潜水服，像正常人一样生活在海底，只有需要外出的时候，才穿上潜水服。

“饱和潜水理论”

水下实验室的原理是“饱和潜水理论”。人在海底高压下待一段时间后，血液里的气体就会达到饱和，只要压力不变，气体含量也不会变。就像盛满水的杯子，多加一滴水也做不到。根据这个理论，潜水员在水下想待多久就能待多久了。

0 5 10 cm
板状结壳
厚度：13cm
水深：2850m

第三章　海底宝藏

海洋里究竟埋藏着多少宝贝，估计谁也说不清楚。随着科学技术的发展，越来越多的新矿藏在大海中被发现。深海锰结核、富钴结壳、热液矿藏……这些宝贵的财富全都存放在海底，等待着人们的开发和利用，也吸引着越来越多的人对大海展开研究。

可燃冰

可燃冰是一种白色类冰状固体物质，有极强的燃烧力。因为这种白色的“冰”一遇到火就会燃烧，所以被称为“可燃冰”。可燃冰杂质少，燃烧后几乎无污染，是一种高效清洁能源。

可燃冰的形成

可燃冰其实就是“固态”的天然气，也被称为天然气水合物。在深海或者永久冻土带等低温高压的环境下，气体分子就会跑进水分子中，从而形成可燃冰。可燃冰的主要成分是甲烷分子和水分子。

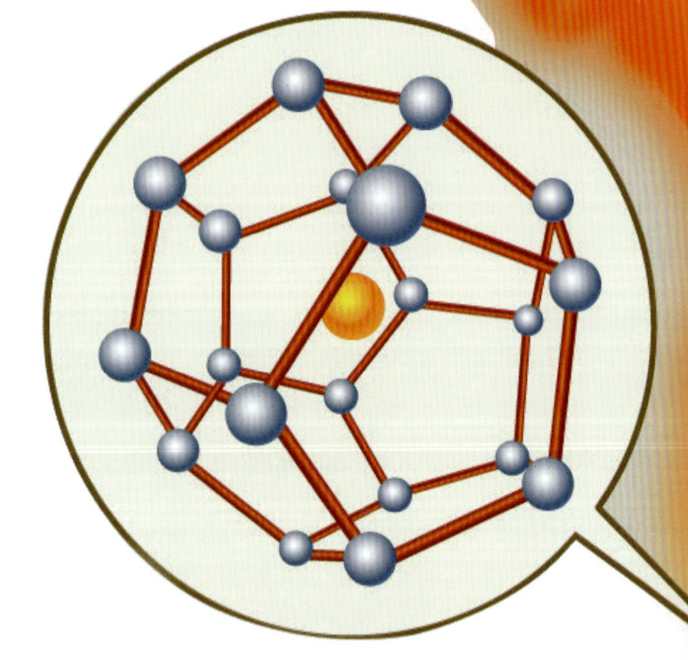

拓展

可燃冰的开发——“带刺的玫瑰”

可燃冰虽然开发前景非常广阔，但是开采难度非常高，宛如一朵带刺的玫瑰。可燃冰甲烷含量极高，对温度和压力都很敏感，在开采和输送过程中很容易导致甲烷泄漏，引发温室效应。此外，可燃冰一旦泄漏还容易引发海啸、海底滑坡和海水毒化等灾害。

我国南海的可燃冰

我国可燃冰资源主要分布在南海海域、东海海域、青藏高原冻土带及东北冻土带。南海是我国天然气水合物储量最丰富的地区。据测算，我国南海的可燃冰储量达 700 亿吨油当量，约相当于我国目前陆上石油和天然气资源总量的 50%。

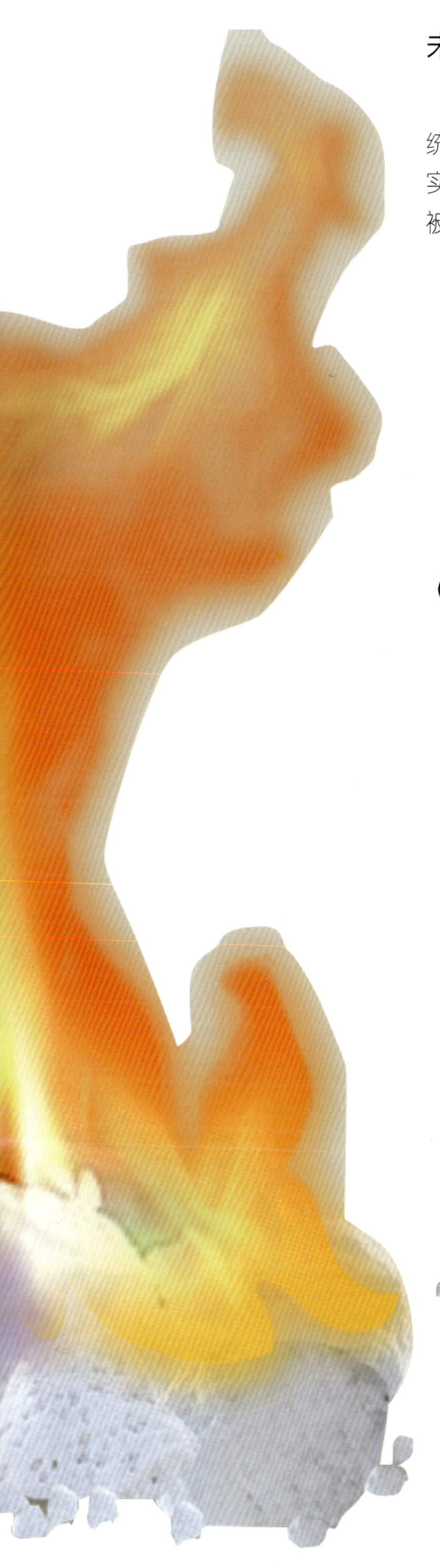

未来新能源

随着人类工业生产的不断发展，煤炭、石油、天然气等传统能源使用量越来越大，资源枯竭已经成为我们必须面对的现实。可燃冰具备储量大、能源密度高、清洁、污染小等优势，被视为“沉睡的未来能源”，是人类未来能源的新希望。

可燃冰资源量

可燃冰储量丰富、分布广阔，通常分布在海洋大陆架外的大陆坡、深海和深湖以及永久冻土带，范围约占海洋总面积的 10%。有专家估计，海底可燃冰资源可供人类使用 1000 年左右。

你知道吗

可燃冰的发现

1934 年，苏联在西伯利亚堵塞的天然气输气管道里发现了冰状固体，这就是低温高压下自动形成的可燃冰。1965 年，苏联首次在西伯利亚永久冻土带发现可燃冰矿藏，并引起多国科学家关注。

锰结核

在广阔的大洋盆地，沉睡着密密麻麻的黑色或棕褐色“金属块”。它们形状不太规则，大小也不相同，小的只有几十克，大的足有几十千克。这就是深海宝藏——锰结核。锰结核不仅富含金属，而且可以再生，是海洋赠予人类的一份厚礼。

锰结核的用途

锰结核中含有 30 多种金属元素。其中，锰、铁、铜、钴、镍、钛都是重要的工业金属原料。锰可用于制造坚硬耐磨的钢材，铁是炼钢的主要原料，镍可用于制造不锈钢，钴可用来制造特种钢，铜可以用于制造电线，钛则广泛应用于航空航天领域。

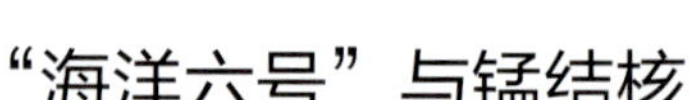

“海洋六号”与锰结核

2011 年 10 月，首次执行远洋科学考察的“海洋六号”在第 23 航次科考中，完成了锰结核合同区的海洋环境与生物调查、地质取样等科学考察任务，并获得了锰结核 550 千克。2013 年 8 月，“海洋六号”执行大洋第 29 航次任务时，在锰结核区经过 3 次箱式取样作业后，获得了满筐无扰动海底沉积物及数个锰结核。

锰结核的分布

锰结核广泛分布于世界大洋底部，总储量 3 万亿吨以上。它们或密集或分散，在北太平洋海底，每平方米就有 100 多千克锰结核，简直是一个挨一个铺满海底。科学家估算，如果对锰结核进行全部开发，足够人类使用上万年。

锰结核的成因

据科学家估计，锰结核的物质来源大致有以下四个方面：一是来自陆地的岩石风化出的金属元素；二是来自火山喷发产生的金属元素；三是来自生物死亡分解出的金属元素；四是来自宇宙尘埃的飘落。

拓展

镇海之宝

神话传说中，孙悟空的金箍棒是大海中的镇海之宝。在现实生活中，锰结核也足以享有这个美誉。目前，人类已经开始着手对这个宝藏进行大规模开发，相信它会为人类带来无穷无尽的财富。

富钴结壳

富钴结壳是深海中的另一个大宝藏。这种矿石外表与锰结核很像，因富含战略金属钴而得名。1981 年，德国深海考察船“太阳号”率先展开了对富钴结壳的调查，这种沉睡洋底千万年的“宝藏”才开始受到全世界的重视。不过，因为开采难度较高，所以富钴结壳的开发还需要等待科学技术的进步。

富钴结壳的分布

富钴结壳在全球海洋中都有分布，几乎在任何海山区都可以找到它的身影，因此目前无法估计总储量。太平洋因海山较多，所以其富钴结壳贮存量最为丰富。由于富钴结壳在黑色玄武岩组成的海山区分布最多，因此人们把富钴结壳形象地比喻为“黑金山”。

富钴结壳的形成

富钴结壳是生长在海山、海脊或海台的斜坡或顶部的一种沉积物。从远古开始，一代又一代的海洋生物死后，在沉降过程中残留了大量金属，这些金属在富氧水层中经过氧化作用和吸附作用，逐渐沉淀成富钴结壳。

富钴结壳的用途

富钴结壳含有众多稀有金属，包括钴、锰、钛、镍、铂、铊、锆、钨、铋、钼和稀土等。钴是生产耐热合金、硬质合金、防腐合金、磁性合金和各种钴盐的重要原料；铂是贵重的白金；稀土是电子、激光、核工业、超导等诸多高科技的润滑剂，有“工业黄金”之称。

拓展

沉睡万年的宝藏

富钴结壳已经悄悄在海底沉睡了千万年。据不完全统计，仅太平洋西部海底的富钴结壳资源量就达10亿吨左右，钴含量达数百万吨，总价值已超过1000亿美元。

海底热液矿

海洋底部还有许多神奇的地方，它们夜以继日地喷出滚烫的热泉，这就是海底热液。它们喷发时携带有大量的金、银、铂、铜、锡等金属硫化物，而且矿物富集，易于开采和冶炼，是一座留给人类的宝藏。

硫化物烟囱体

1978年，科学家在东太平洋发现了一片“黑烟囱”。它们高低不等，从几米到上百米都有，“烟囱”口冒着滚滚黑烟。后来经过研究，科学家发现这是海底热液喷出，冷却后逐渐堆积形成的。世界上有许多出“黑烟囱”，还有“白烟囱”和“黄烟囱”等神奇的结构。

形成

海底热液矿的形成经历了复杂的过程。富含硫酸根离子的海水被新生洋壳加热成为高温海水，高温海水从玄武岩中吸收大量的金、银、铜、锌、铅、镍、钡、锰、铁等金属矿物，随后与海底冷海水相遇，发生了物理化学变化，使金属沉淀形成多金属热液矿床。

储存量

目前，人们还无法统计海底热液矿床的总储存量。不过，可以肯定的是，海底热液矿床分布十分广泛，在全世界已经发现有400多处，所含的金属均具有很高的开采价值。不仅如此，海底热液矿深度相对不大，矿床分布集中，比较易于开采，被一致认为是未来极有开发价值的战略性金属矿藏。

你知道吗

生命的起源

近年来，随着科学家对海底热液的研究深入，许多科学家都认为海底热液是地球生命的起源核心。氮转化为氨是生命起源过程的重要环节，正是海底热液提供的氨分子构成了最早的地球大气，从而引发了生命的起源。

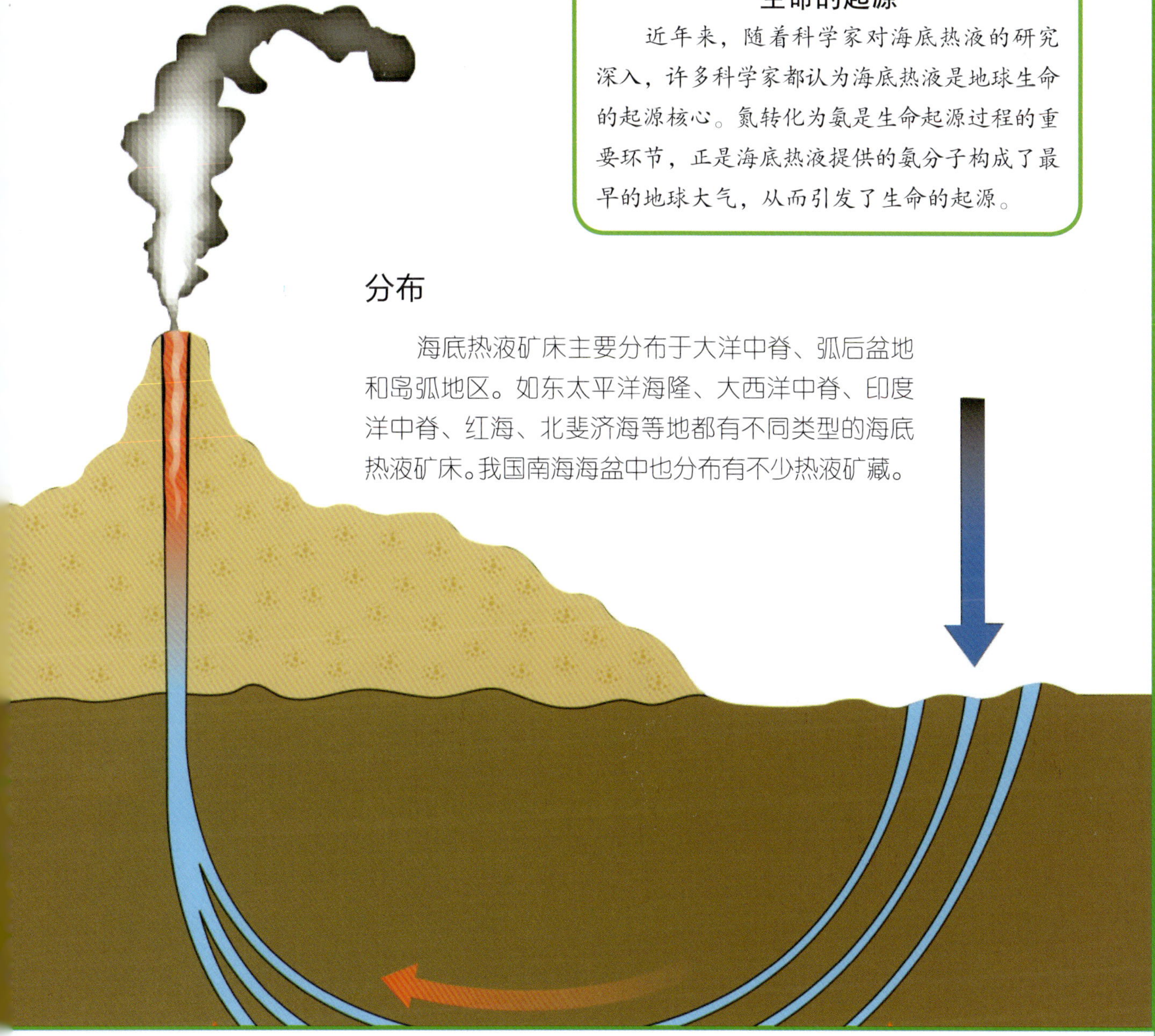

分布

海底热液矿床主要分布于大洋中脊、弧后盆地和岛弧地区。如东太平洋海隆、大西洋中脊、印度洋中脊、红海、北斐济海等地都有不同类型的海底热液矿床。我国南海海盆中也分布有不少热液矿藏。

海底磷矿

1873 年，英国“挑战者号”科学考察船在海底捞起了一些大小不一、颜色各异的煤块状石头。经分析，这些石头富含磷和钙，所以，研究人员便将其命名为磷钙石。磷钙石富含氧化钙、五氧化二磷，能够用于制造农作物所需要的磷肥，所以被称为“农业矿产”。

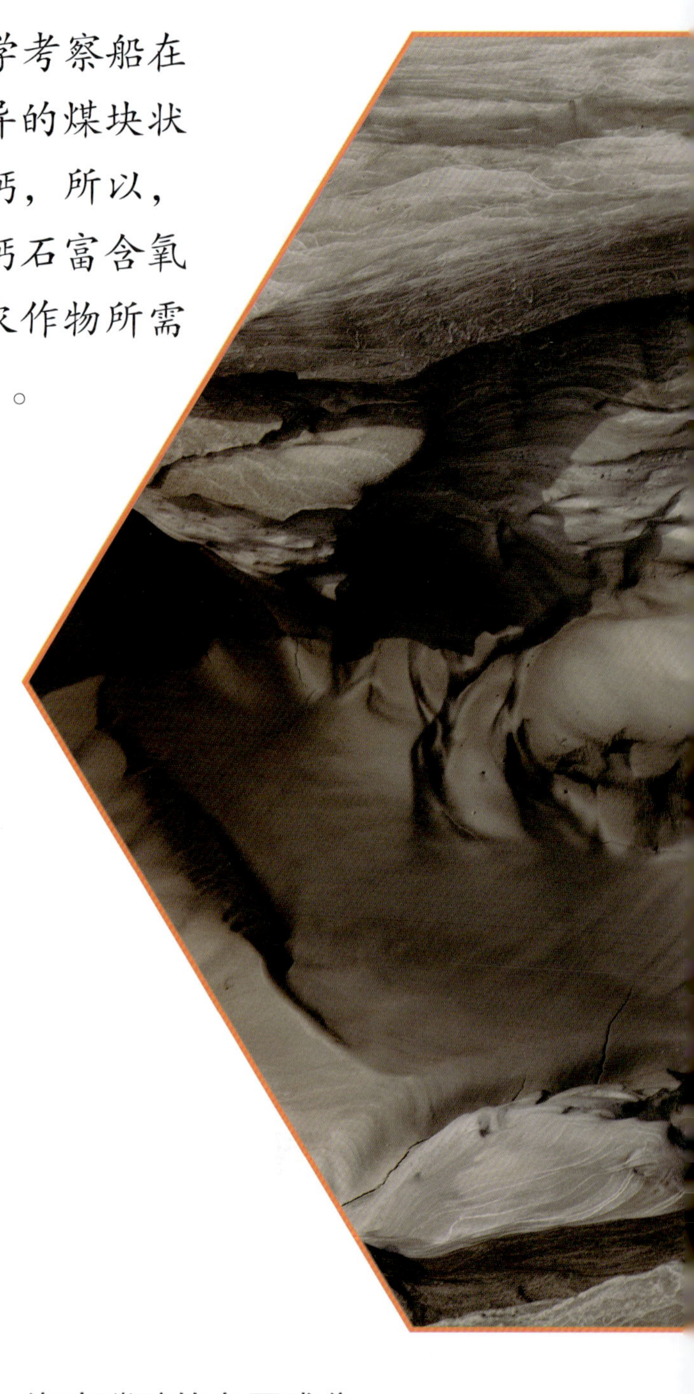

海底磷矿的分布及成因

海底磷钙石具有分布范围广、储量丰富的优点，在东大西洋、印度洋和太平洋的大陆架、大陆坡上部以及深海的海山上都有分布。海洋中的生物世代生息繁衍，它们死亡后在分解过程中释放出磷，经过漫长的化学作用，最终在海底形成富磷岩石。

海底磷矿的有用成分

海底磷钙石是制造磷肥、生产纯磷和磷酸的重要原料，它的主要成分为氧化钙和五氧化二磷，氧化钙含量一般为 30%~50%，五氧化二磷占 20%~30%；其余为二氧化碳、氟、钒、铀及稀土元素。

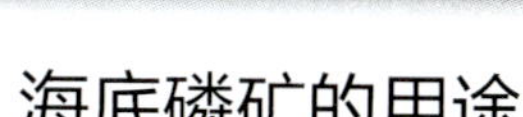

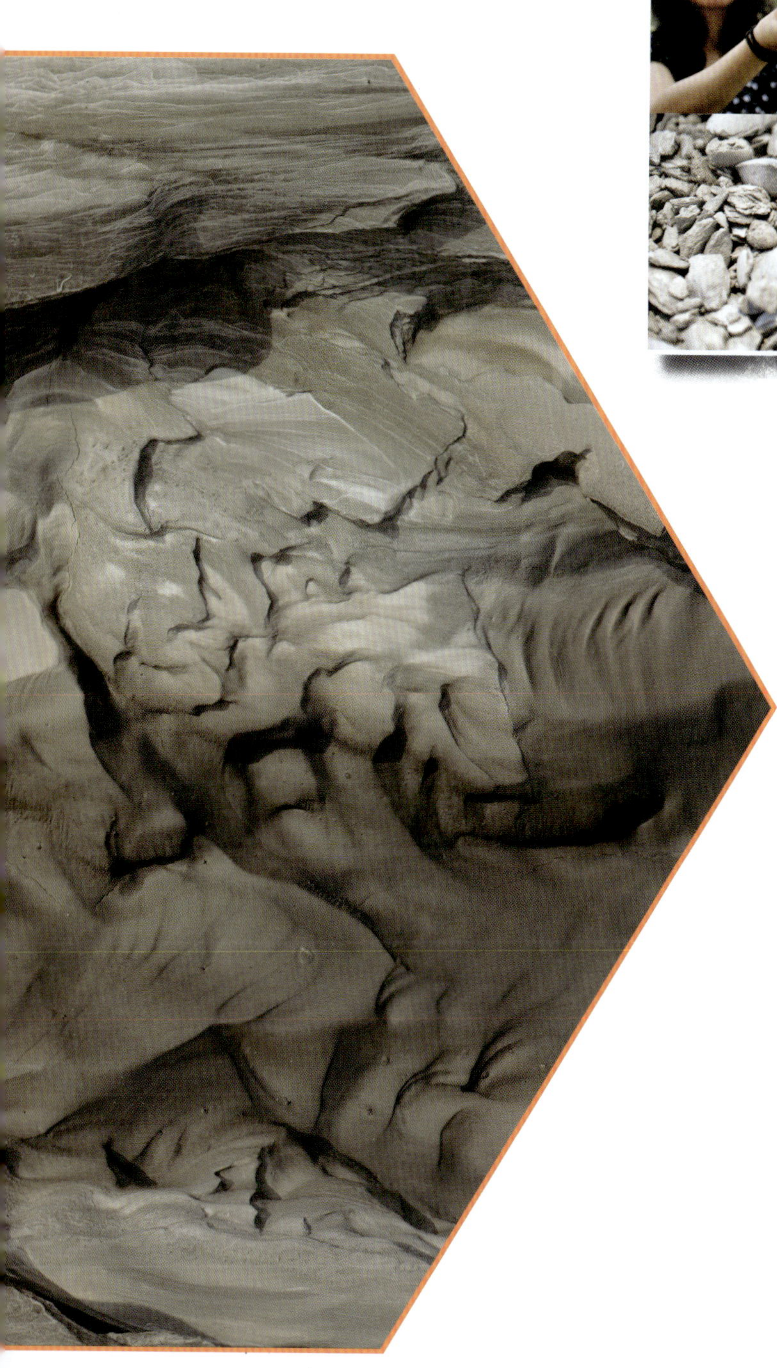

海底磷矿的用途

海底磷钙石的开发意义重大。磷可以制造磷肥，提高农作物的产量；可以溶解于养殖池，加速鱼虾的生长；还可制成防锈材料，涂在飞机的翼面上。除此以外，纯磷和磷酸还可用于火柴、玻璃、食品、纺织等工业之中。

海底磷矿的储藏量

海底磷钙石一个矿区的面积就可达数百至上千平方千米，储量高达几十亿至上百亿吨。据科学家估算，全世界海底磷钙石蕴藏量约达 3000 亿吨，足够人类使用 2000 余年，堪称一座宝库。

你知道吗

白磷与燃烧弹

白磷是磷的一种，它只要接触到空气就会自动燃烧。于是，人们利用它的特点制成了燃烧弹。这种燃烧弹非常可怕，它会爆炸飞溅，粘到皮肤上很难及时去除，可以一直烧到骨头，杀伤力极大。

第四章　海底文明与开发

人类不断地在地球上留下痕迹，证明着自己的存在。但是，有时候大自然发怒了，就能轻易将这些痕迹掩埋。海底存在着许多人类曾经生活的记忆，人类在海底建造现代文明的过程中，有时候就能发现这些失落的文明。

海底遗迹

千万年前，也许是一次火山喷发，也许是一次大地震，让一座座建筑精巧、工艺高超的城市沉睡在了大洋深处。这些海底遗迹记录着人类的文明历史，对于人们的考古研究意义重大。

埃及古城

在埃及的尼罗河入海口，曾经耸立着两座闻名于世的古城：赫拉克利翁古城和东坎诺帕斯古城。这两座古城曾经是埃及繁华的贸易中心，以繁华富有和规模宏大而著称。后来，随着尼罗河水一次又一次的泛滥，这两座古城最终消失在了泥沙之中。

神秘的亚特兰蒂斯

亚特兰蒂斯是传说中的海上文明古国，它位于大西洋东侧，拥有巨额的财富和极其发达的超级文明。据说，这个古国是当时海洋的统治者，那里的人信奉海神波塞冬，建设有美丽的水下城市。后来，这座传奇的城市离奇地在一天一夜间消失在了大海中。

“海盗之都”

在 17 世纪，牙买加皇家港口是加勒比海地区重要城市之一，它因海盗而臭名昭著，被称为“地球上最邪恶的城市”。1692 年，一场巨大的地震将该市化为一片废墟，这座城市也因此而消失，最终被大海所吞没。

百慕大金字塔

欧洲科学家在著名的百慕大三角洲海底发现了一座巨大的金字塔。这座金字塔长 300 米、高 200 米。塔上有两个明显为人工建造的巨洞，海水急速从洞内流过，形成巨大旋涡，使附近水域波涛汹涌、雾气腾腾。这座金字塔究竟是什么文明建造的？至今仍众说纷纭。

曾经的文明

绝大多数海底遗迹都来源于数千年前甚至上万年前。它们的存在，证实着在我们未知的史前时代，曾经存在高度发展的人类文明。这些文明很可能因为遭受某些变故而消失，仅留下片段残骸沉于海中，作为曾经辉煌的证据。

拓展

海底古城墙

台湾澎湖列岛水下有一座古城名叫虎井沉城。这座古墙遗址呈“十”字形，主体为玄武岩，表面长满海草，面积约 3 万平方米。跟许多海底遗迹一样，虎井沉城的文明来源依然无法判断。

沉船寻宝

从古至今，无数艘满载珍贵货物的船只葬身于无边的大海。众多城市因地震、火山喷发、海啸等灾难沉睡在了海底。大海埋葬了无数的宝藏和财富，它们至今仍然等待着人们的寻找和发现。

“泰坦尼克号”

1912 年，豪华巨轮“泰坦尼克号”从英国的南安普敦出发驶往美国。这是当时世界上最大最豪华的客轮，可它在自己的第一次航行中撞到冰山不幸沉没。这次灾难不仅造成了 1500 多人丧生，而且带来了巨大的经济损失。2012 年，“泰坦尼克号”的遗物拍卖了约 11 亿元人民币。

“南澳一号”

明朝时，一艘满载货物的商船沿着“海上丝绸之路”向南行驶，因失事沉没于我国广东省汕头市南澳县附近海域。这艘船后来被发现并命名为“南澳一号”，经过复杂的水下考古发掘，“南澳一号”共出水文物近 3 万件，包括瓷器、陶器、金属器等。

你知道吗

淹没的宝藏

在漫长的世界海运史上，平均每30小时就有一艘航船葬身大海。据考古学家估计，在全球的海洋中共有数十万艘沉船。这些长眠海底的宝船不仅引起了考古学家的极大兴趣，还吸引了无数的寻宝者。

世界五大著名沉船

世界五大著名沉船包括：1545年沉没的英国军舰“玛丽·罗斯号”；1912年沉没的邮轮“泰坦尼克号”；1915年沉没的美国巡洋舰“路西塔尼亚号”；1941年沉没的德国战舰“俾斯麦号”和1982年沉没的阿根廷战舰“贝尔格拉诺号”。

探索海底沉船

拓展

长眠海底的“金山”

1857年9月，一艘运金船因为飓风在美国南卡罗来纳州南部海岸沉没。这次灾难不仅造成425人丧生，而且造成13600千克黄金沉没于海底。后来，这艘沉船被专门从事深海探测的奥德赛海洋勘探公司发现并开展打捞。

现代海底建筑

随着科技的发展，人类的脚步越来越远。从干燥的沙漠、浩瀚的天空，到遥远的月球都留下了人类的足迹。现在，人类已经开始尝试在幽深的海底建设美丽的海底建筑。相信不久的将来，漆黑的海底将不再寂寞。

马尔代夫海底餐厅

在马尔代夫有一座著名的海底餐厅。它建设于海平面以下 6 米处的一个珊瑚礁上，是世界上第一家全玻璃的海底餐厅。这家餐厅可容 12 人同时就餐，人们可以一边享用美食，一边欣赏窗外穿梭的美丽海洋生物，惬意非常。

迪拜海底酒店

迪拜海底酒店是阿拉伯的一颗海底明珠，是迪拜奢华独特大胆的建筑艺术的代表。这座酒店分陆上和海底两个部分，海底部分由音乐厅和舞厅构成，贯穿阿拉伯湾的蓝色水面。

凡尔纳海底酒店

1994 年，美国在佛罗里达州的浅海底建造了世界上第一家海底大酒店——凡尔纳海底酒店。这座酒店以《海底两万里》的作者凡尔纳的名字命名，是一座真正的海底“小城”。居住在这里，透过窗口就可以看到海洋里穿梭的动物，仿佛置身神话故事中的水晶宫。

人类的第二家园

与没有氧气、一片死寂的太空相比，海底无疑是一座生机勃勃的乐园。因此，人们将开发第二家园的希望放在了幽深的碧海之下。海底城市就是完全利用海洋资源的杰作。

你知道吗

海底城市的建造难题

人们很早以前就有了建立海底城市的想法。之所以到现在还难以彻底展开实施，一方面是因为海底供氧难，另一方面是因为海底水压大。目前，虽然已经可以解决部分难题，可是建造起来需要太多资金，所以还需要等待科技的继续发展。

海底隧道

在海峡或者海湾建设大桥虽然便捷，但会影响一些大型轮船的通过航行。于是，许多发达国家开始尝试以建设海底隧道的方式沟通海峡和海湾。海底隧道不占地，不妨碍航行，不影响生态环境，是一种非常安全的全天候的海底通道。

香港海底隧道

香港拥有广阔的海洋空间，海底隧道就成为这里重要的运输方式。目前，中国香港特别行政区共有 3 条海底隧道：港九中区海底隧道、港九东区隧道、港九西区隧道。它们越过维多利亚海峡，把港岛与九龙半岛连接起来，使日益繁荣的香港交通无阻。

拓展

设计中的渤海隧道

目前还在计划中的渤海隧道，是连接山东省蓬莱与辽宁省旅顺的跨海海底通道。这条隧道位于渤海出海口之下，设计全长 123 千米。建成后将成为世界最长的海底隧道，大大加深辽宁和山东两省之间的经济往来。

我国最长的海底隧道——胶州湾隧道

山东青岛和黄岛两地虽然距离很近，但以往交通非常不便。后来，这里建成了一条全长 9.47 千米的海底隧道——胶州湾隧道。原本坐船需要 40 多分钟的路程缩短到驾车 5 分钟可过。

厦门翔安隧道

厦门翔安隧道是我国内地第一条海底隧道，全长 8.695 千米。其中，海底段隧道长 6.05 千米，最深处位于海平面下约 70 米。翔安隧道的光线很好，并且隧道内装有国内最先进的消防系统，安全措施很好。

英吉利海峡隧道

英吉利海峡隧道又名欧洲隧道，它把孤悬在大西洋中的英伦三岛与欧洲大陆紧密地连接起来，为欧洲交通史写下了重要的一笔。此后滔滔沧海变通途，英国与整个欧洲的贸易往来便利了很多。

大连湾海底隧道

大连湾海底隧道连接大连市核心区与金州新区，是中国交通建设史上又一项技术条件复杂、环保要求高、建设要求及标准极高的跨海交通工程。它在 2014 年全面启动，预计 2019 年完工，被称为大连市的“超级工程”。

海底电缆

海底电缆是将包裹的导线铺设在海底用于电信传输的通信线路。静静躺在海底的电缆纵横交错，如同人的神经，形成快捷、高效的“海底网络”，将电力和通信信号传遍地球的各个角落。

海底电缆的优势

在海底铺设电缆具有众多优势。一方面，在海底铺设不需要挖坑道或用支撑，因而投资少，建设速度快；另一方面，海底电缆大多在幽静的海底，不容易受风浪等自然环境的破坏和人类生产活动的干扰。

我国最长的海底电缆

目前，我国最长的海底电缆是海南联网工程中连接广东湛江徐闻和海南海口林诗岛的海底电缆，全长约 30 千米。这项工程投产之后显著提高了海南电网的抗台风、抗风险能力，保证了供电质量。

我国第一条海底电缆

全世界第一条海底电缆是 1860 年在英国和法国之间铺设的。我国于 1888 年建成的沪尾川石水线是我国电信史上第一条海底电缆，它位于福州川石与台湾沪尾（淡水）之间，长约 177 海里，主要用于保持海峡两岸的密切联系。

海洋百科

光缆

海底电缆分为海底通信电缆和海底电力电缆，其中，通信电缆现已采用光纤为材料，所以也叫光缆。海底光缆是互联网信息传播的主干道，也是当前信息时代的支撑力量。

拓展

唯一未铺设海底电缆的南极洲

南极海域拥有高达 10 米的冰流、-80℃的温度，恶劣的自然条件使得在那里铺设电缆异常困难。因此，南极洲是唯一没有海底电缆的大洲，在南极所有电话、视频和电子邮件都必须通过卫星传输。

海底旅游

博大深邃的海洋无时无刻不在演绎着气象万千的故事。神秘而多彩的海底世界无疑吸引着众多探险者的目光。奇特的动植物、特殊的景观，使得人们纷纷前往海底旅游。

珊瑚礁

海底观光

海底观光是人类以海底环境为中心开展的旅游活动。它包括海底世界半潜观光、珊瑚礁水肺潜水、海底漫步、深海潜水摩托、香蕉船、拖曳伞、徒手潜水、玻璃观光船等娱乐项目，能够给人们带来别样的体验。

厦门海底世界

厦门海底世界坐落在风景优美的鼓浪屿。这里拥有海洋馆、企鹅馆、淡水鱼馆、海豚馆等，是融生态保护、海洋知识、海洋水产、科教、观光于一体的大型海洋水族馆。

畅游海底世界

随着人们生活水平的提高和海洋的广泛开发，越来越多的人希望穿戴潜水器材或者乘坐潜水器械，前往幽深的海底欣赏平时看不到的神奇景观。于是，海底婚纱照、海底旅游等有趣的活动日渐兴起，人们与大海越来越亲密。

台湾绿岛海底公园

台湾绿岛海底公园是以珊瑚礁为风景区主体的海岸公园。湛蓝的水下，色彩斑斓的鱼儿三五成群地游弋，古灵精怪的海蛇、海龟和贝类探头探脑地戏耍，它们与五花八门的珊瑚争奇斗艳，构成一片五彩缤纷的海底风景区。

拓展

世界上第一个海底公园

美国奥克兰东海岸的凯利塔顿海底世界是全世界第一个海底公园，也是第一个使用传输带让游客观赏鱼类的公园，它融合冰、雪、水于一体，为人们了解海洋生物和海底奥秘带来了近乎完美的体验。

图书在版编目（CIP）数据

海底神秘园 / 金翔龙，陆儒德主编．— 北京：中译出版社，2018.4（2023.2 重印）
（奇妙的海洋课）
ISBN 978-7-5001-5615-4

Ⅰ．①海… Ⅱ．①金… ②陆… Ⅲ．①海底—儿童读物 Ⅳ．① P737.2-49

中国版本图书馆 CIP 数据核字（2018）第 069674 号

海底神秘园

出版发行：中译出版社
地　　址：北京市西城区车公庄大街甲 4 号物华大厦 6 层
电　　话：（010）68359376　68359303　68359101
邮　　编：100044
传　　真：（010）68358718
电子邮箱：book@ctph.com.cn
策划编辑：姜　军
责任编辑：姜　军　刘黎黎　顾客强　刘全银
封面设计：宸唐工作室
图片视频：视觉中国
印　　刷：天津奥丰特印刷有限公司
经　　销：新华书店
规　　格：889 毫米 ×1194 毫米　1/16
印　　张：4
字　　数：124 千字
版　　次：2018 年 4 月第 1 版
印　　次：2023 年 2 月第 6 次

ISBN 978-7-5001-5615-4　　定价：32.00 元